Co-branded Packaging Design

跨界联名
包装设计

张颖慧 编著

化学工业出版社

·北京·

内容简介

本书共分为4章，详细介绍了跨界包装的起源和发展、原则和规范、方法与实践，以及跨界包装的应用等内容，结合大量的前沿案例进行深度研究，强调艺术与科技、理论与实践、技术与美学相结合的设计观，培养学习者发现与解决问题的综合能力和与时俱进的践行意识。

本书在包装设计的讲解角度与实践方面进行了创新，对国内外包装设计领域最新发展案例进行整合和解读，可以为包装设计专业的学生、平面设计师、广告设计师提供参考，为我国包装设计专业的教育和发展产生积极的现实意义。

图书在版编目（CIP）数据

跨界联名包装设计/张颖慧编著. —北京：化学工业出版社，2022.5（2025.2重印）
ISBN 978-7-122-41053-5

Ⅰ.①跨… Ⅱ.①张… Ⅲ.①包装设计 Ⅳ.①TB482

中国版本图书馆CIP数据核字（2022）第048790号

责任编辑：李彦玲
美术编辑：王晓宇
责任校对：宋　玮

出版发行：化学工业出版社
　　　　　（北京市东城区青年湖南街13号　邮政编码100011）
印　　装：涿州市般润文化传播有限公司
787mm×1092mm　1/16　印张6　字数92千字
2025年2月北京第1版第4次印刷

购书咨询：010-64518888
售后服务：010-64518899
网　　址：http://www.cip.com.cn
凡购买本书，如有缺损质量问题，本社销售中心负责调换。

定　　价：49.80元　　　　　　　　版权所有　违者必究

前言
FORWORD

随着市场竞争的日益激烈，包装设计已经成为促进品牌营销的重要战略方式，如何设计出既符合时代潮流又富有价值内涵的商品包装成为设计师们思考的重点。而跨界联名这一新模式的出现在一定程度上满足了消费者以及品牌方的需求。跨界联名包装设计是当代设计师联合不同品牌为新产品打造的新的包装方式，可以提升品牌的知名度和销售量，从而获得共赢。尤其对于年轻的消费群体，联名产品设计成为一种新锐的生活态度。在求新求异的生活理念下，跨界联名包装作为审美方式与生活态度的整合，搭建不同的思维链接，将过去与现代、复古与创新、虚拟与现实紧紧地结合起来，从而打破了固有品牌在消费者中的传统形象，为品牌的升级和转型带来契机，也通过不同品牌的联名使消费者更为熟悉和了解品牌产品。

因此跨界联名包装的学习和研究有利于带动品牌发展，引发消费者情怀效应，增加与消费者的互动性和体验感。跨界联名包装设计从不同的学科进行多方位的融合设计，学习创作并且不断地进行转化，使不同的领域相互学习借鉴，整体推动了设计学科的创新与前进。所以，跨界联名包装设计不仅仅是品牌营销的手段，同时更成为了作为品牌文化输出的一种视觉符号，推动新时代包装设计的发展。

本书主要整理和分析了大量的国内外最新的跨界包装设计案例，对跨界包装设计在宏观上设定了相关定义，介绍了新时代经济形势下包装设计新的内涵，继而对相关包装设计案例进行分析和点评，帮助读者理解、学习相关的经验和方法。本书在案例和素材的选用上，力求理论联系实践，突出实用性、功能性、趣味性、时代性以及创新性。本书的编写致力于培养新时代的设计人才，希望对国内外相关的实践与理论研究起到积极的推动作用。

感谢北京印刷学院给予的平台以及学院领导的大力支持，以及化学工业出版社的各位相关工作人员的全力帮助，并在此，对推进包装设计的相关研究人员和设计专家，以及同行们致以最诚挚的感谢！

张颖慧

2022年2月

目录
CONTENTS

第 **1** 章

跨界联名包装设计的概念

跨界联名包装的定义

跨界联名包装设计的发展背景

跨界联名包装设计的作用

1.1   跨界联名包装的定义

包装作为产品密不可分的一部分，被赋予各种不同的功能，包括产品保护、运输、仓储以及卖场售卖的展示，它被称为"无声的推销员"。包装的功能最初是为了保护和保存产品。防止它们被损坏，减少分销过程中的储存和运输成本。在分销过程中，为产品提供吸引人的展示方式，体现产品特色，宣传品牌价值。包装设计将产品、材料、形状、结构、图形，融合在一起，是一种综合的市场战略考量，并且作为一种美学营销手段，对不同年龄、不同背景的消费者进行视觉沟通，从而促进消费、经济的发展。

随着社会变化的不断发展，消费需求的多样化，品牌之间的跨界联名已经成为当今产品包装及促销的重要趋势。越来越多的品牌希望通过联名的方式获得热点、关注度，以及获取更多的商业利润。这种趋势也进而影响当代包装设计的发展。跨界联名包装设计是集消费心理、消费行为、印刷工艺、材料技术于一体的交叉性设计学科，与传统包装设计相比，跨界联名包装更加注重品牌的带动效应。利用联名来吸引更多的用户群体，尤其对于新生品牌来说，与著名品牌的联名合作，能够快速提高新生品牌的价值。对于传统品牌产品，通过推出跨界联名包装，改变品牌的固有形象和消费者的传统认知，为品牌注入新鲜的活力。例如，Supreme 与奥利奥跨界联名推出的一系列红色饼干包装，颠覆了奥利奥固有的蓝色外观，使用了 Supreme 标志性的红色设计，使奥利奥不仅仅局限于作为食品品牌出现在大众视野中，并且奥利奥借着消费者对 Supreme 品牌固有情怀，使两者不同的品牌文化相互汲取，也给消费者带来了惊喜，激发了人们的购买欲（图 1.1～图 1.3）。

虽然产品包装设计的生命周期较为短暂，但作为现代社会中，包装设计成为了当代社会物质、文化、审美、市场、经济的综合产物，代表反映了产品的个性、品牌的内涵、企业形象以及一定的地域民族文化。简单来说，跨界联名包装不仅要有产品包装的功能性，同时还具有产品价值的情感联系，甚至有些产品的包装在情感价值的基础上，与消费者产生互动体验，从而使消费者不仅与产品建立的情感纽带，并将包装赋予更多的功能价值与意义，使消费者注入更多的注意力于包装之上，吸引用户群体，提升品牌价值。

图 1.1　奥利奥 Supreme 联名包装

图 1.2　Supreme logo

图 1.3　奥利奥 Supreme 联名包装

1.2　跨界联名包装设计的发展背景

包装设计的发展是人类文明不断进步、更新、变化发展的反映，在其历史发展过程中，不断受到不同时期思想潮流文化的影响，并展现出不同时期的风格与特点。

从早期包装设计发展的历程来看，包装最初的目的是为了保护和储存食物。这一时期的包装材料都是来自于自然界的天然材料，例如树叶、树皮、动物皮毛等。但是这些原材料并不能使食物或产品在最好的条件下保存。大约公元前3000年，埃及人发明使用一种特殊的叶子作为盘子，并从一种植物的纤维中发明了纸莎草来包裹食物。这种方式在现代社会也随处可见。例如传统小吃糖葫芦经常使用糯米纸来包装，这也是传统包装形式的一种延续。随着造纸和印刷术的发明，包装技术也随之发展，人们开始学习在木材盒、金属器皿、陶器上雕刻图形，并学习在纸张上印刷招牌和名称，形成最初的品牌包装宣传方式。

自从第二次世界大战以后，包装设计成为了推动经济发展、促进消费增长不可缺少的动力。伴随工业时代的发展，越来越多的包装材料种类也大大丰富了包装设计的方式和范围。包装设计不仅仅作为保护产品的一种方式，开始渐渐承担起广告、市场、营销的重要手段。从而使包装的品牌价值和视觉功能也逐渐开始发挥重要作用。由于当今社会经济的快速发展，商品种类的增多，消费者物质以及精神生活的提高，从而对产品的包装设计要求也不断丰富起来。他们开始从使用产品包装开始向"感受"产品包装转变，甚至在"感受"的过程中，渴望增加新奇的体验，丰富的视觉刺激，注重与品牌产生情感上，视觉上以及心理上的共鸣，从而吸引消费者的注意力，为产品提供声音，为品牌创造形象。跨界联名包装设计就是在这样的社会环境中萌芽发展的。

如今，品牌比以往任何时候都积极探索新的发展机会，从而以获得更多的市场份额并与潜在的消费者接触，拓展用户群体。营销战略家们正在打破常规思维，于是开始思考与另一个品牌合作，执行一个创新和有影响力的活动。跨界联名是品牌努力将两个知名品牌组合成第三个独特品牌产品的协同效应的战略。换句话说，跨界联名战略将向市场推出一种新的产品或服务，在原有品牌的基础上，根于两个合作品牌的属性和核心竞争力，产生新的品牌效应。因此，跨界联名包装是联合品牌，向公众宣传的有效设计方式，它支持两个品牌一起工作而不是独立行动，并且它通过视觉感受，用户体验抓住每个品牌的潜在消费者，帮助扩大影响力、知名度和销售潜力。

成功的联合品牌营销可以捕捉到更多的受众，并传达出一种旨在激励和吸引人的信息。早在1970年，跨界联名已经开始兴起。例如可口可乐公司和美国红十字会合作，通过献血、救灾等活动建立可口可乐基金会。100多年以来，坚持发展以善意和促进当地社区为重点的伙伴关系，不断通过协助救灾、当地医疗保健活动、慈善活动和志愿者工作来提升其知名度。反过来说，红十字会也拥有一个优质的合作伙伴，其供应链随叫随到，随时可以提供服务。有了可口可乐公司提供的大量的水、果汁、苏打水和能量饮料，美国红十字会更便捷地帮助和协助当地的支持团队以及公民（图1.4）。虽然一些可口可乐产品被认为是不健康的，与红十字会这样受人尊敬的健康组织合作可能会引起反感，但联合品牌的合作关系超越了产品的范围。它展示了两个具有历史和传统的全美品牌的总体合作。

如今，品牌跨界联名已经屡见不鲜，并且经常可以看到两个完全不相关的品牌进行跨界联合。例如2018年RIMOWA（行李箱品牌）与Off-White（时尚潮牌）联名合作（图1.5），推出两款不同设计的行李箱，分别采用透明和文字印花的不透明设计，命名也非常巧妙，透明款叫作"See Through"，而不透明的款式则取名为"Personal Belongings"，收获了一大批消费群体的关注。

图1.4   可口可乐与红十字会联名

图 1.5　RIMOWA 联名 Off-White

2015年，星巴克通过与大型音乐流行媒体平台Spotify合作，这是一个热门和时尚帝国的数字联合品牌战略（图1.6）。Spotify提供背景音乐支持，用于咖啡馆音乐播放，而星巴克则确保环境、增加咖啡馆的氛围，并且作为协议的一部分，星巴克员工获得了Spotify高级版的订阅资格，他们在咖啡馆里策划播放列表，作为音乐背景，供英语爱好者们通过星巴克应用程序访问。同时，Spotify提供优惠的订阅计划，从而获得大量新的潜在用户。

图 1.6　星巴克联名 Spotify

图 1.7 Aesop 与 Iris van Herpen 联名

正如我们从例子中看到的那样，当联合的品牌推出新的产品，往往可以引起消费者的共鸣并产生轰动效应，帮助实现成功的联合品牌推广。跨界联名包装往往基于对双方品牌的认识下，利用包装设计对品牌进行全新的演绎，甚至进行趣味化组合，但仍然要保持品牌极高的识别性与辨识度。

例如，Aesop 带来和荷兰高定设计师品牌 Iris van Herpen 联名的圣诞礼盒"Atlas of Attraction"系列（图 1.7），包含了除了品牌常有的护肤和身体保养产品套装之外，Aesop 还首次推出了一个家居产品套装。其礼盒的包装设计依然保持品牌环保的态度，采用了可以重复使用的旅行包作为礼盒外包装。外观的设计则是 Iris van Herpen 标志性的 3D 打印风格纹样，并且 4 款礼盒分别采用不同的设计图案。由于 Iris van Herpen 只做高定服装，平常也鲜少与其他品牌联名，所以对于绝大多数普通人来说，她的设计是可望而不可即的。然而这次荷兰设计师品牌与 Aesop 的合作，对喜欢这位设计师的消费者来说，是一次拥有 Iris van Herpen 作品的难得机会。

可口可乐也与文创跨界，联名专业文具品牌ipluso意索，推出了可口可乐限定钢笔礼盒。包装的设计上以"things go better with coke"为设计理念，以20世纪60年代复古风为主题，带来极具收藏价值的"书写更快乐"主题的可口可乐限定版钢笔礼盒（图1.8）。

图1.8 可口可乐与ipluso联名

1.3　跨界联名包装设计的作用

（1）突破品牌限制，提升产品价值

成功的包装设计不仅仅是产品的形象代言，而且起着与用户群体沟通的重要作用。与单一品牌的包装设计相比，跨界联名包装设计更加复杂，需要同时考虑传达不同品牌的形象概念，并同时兼顾新产品的特征与个性，从而在产品品牌和消费者之间建立沟通关系，激发用户购买的欲望。增强品牌认同，带动品牌发展，提升市场竞争力。

例如，网易云音乐和旺仔推出了"听起来很好吃的饼干"系列包装设计（图1.9）。鉴于网易云和旺仔的官方色都是红色，可以说双方的联名也是很巧妙的。饼干的包装设计为唱片的样式，中间是网易云的唱片图案和旺仔拿着旺仔牛奶图案。并且这一系列的包装，还为每个不同口味的饼干取了名字。而拉出来的饼干中间也贴了网易云的圆形标志，使其看起来更像唱片了，双方的品牌形象有了一个很好的契合和和谐表现。

旺仔不仅跟音乐品牌联名，还与时尚品牌瑞丽杂志联名推出了特别定制下午茶礼盒（图1.10）。

这款礼盒礼盒的外包装以鹅黄色为主色，搭配白底黑点的桌布，画面是此次联名推出的下午茶点心的实景拍摄图，在内部产品的小包装上，考虑到了瑞丽杂志的受众通常都是年轻的女性用户，非常注意身材外形的管理和控制，因此此款包装上的特色是，将卡路里都写在了包装上，并且是用了显眼的黄色，放在了非常显眼的位置。包装盒的外形设计仿照了瑞丽杂志的形象设计，将"书"与"食品"进行完美的演绎。

随着消费者对不同文化的认识和接受程度的变化，品牌之间的跨界也不受现实条件的限制。例如，拉面说与英国国家博物馆联名推出了"可以吃的名画"系列拉面。其包装设计选取了梵高的向日葵、高更的瓶中花以及莫奈的睡莲三幅名画作为外包装，并且在该包装中名画占据了大部分的视觉主体，文字信息仅仅在包装外观的左上角用贴近名画的色块进行表现，没有过多地影响主

图 1.9　旺仔与网易云跨界联名包装

图 1.10 瑞丽旺仔联名包装设计

体画作的效果（图1.11）。更巧妙的是，不同拉面口味根据不同名画的色彩色调来进行外包装设计的视觉主体图案的选择，给消费者带来视觉、心理、感受上的一致享受，为一个简单的速食食品品牌加入了更多的视觉艺术文化遗产价值。

图 1.11

图 1.11 拉面说与英国国家博物馆联名

（2）满足消费者心理需求

社会的发展使当今消费者对产品不仅仅有质和量的要求，同时也对品牌与产品产生了情感诉求，这种发展趋势同样影响了包装设计的转变。如何使商品在众多竞争对手中脱颖而出，是包装设计领域不断寻求和研究的问题。跨界包装利用了消费者的猎奇心理，以及消费者对某品牌的重视度以及忠实度，从而通过利用趣味性、新颖性、功能性吸引消费者的第一视觉要素，通过激发消费者的消费欲望，得到消费者对产品的积极肯定，将消费者的注意力转化为购买的冲动。制造出一定的商机。跨界包装设计是一副双赢的广告牌，相比于降低产品价格或者调整市场发展方向，它通过提高包装吸引力来刺激消费者的购买动机，是一种相对经济战略方式。

例如，国民品牌奶糖大白兔选择与同样的上海老字号品牌美加净跨界联名，联合推出的美加净大白兔奶糖味润唇膏，掀起了一波"回忆风潮"，打造了一个全新的"既经典，又年轻"的国货品牌。大白兔奶糖味润唇膏不仅在包装设计上延续了大白兔奶糖的经典形象，整个造型就像一颗糖一样，它的扭结就作为一个开封，可以打开，设计尽最大可能还原了奶糖的包装；并且该产品通过"奶糖"视听形象，表达产品的成分里融入了牛奶精华，同时添加乳木果油、橄榄油和甜杏仁油，在大白兔经典甜香的基础上适当改良以适应润唇产品的特性（图1.12）。

在传播上，美加净也在不断强化品牌概念，撬动消费者的怀旧情绪，有意识地引导消费者共同回忆国民级的经典故事和文化符号，传递品牌的价值观。美加净通过推出新编"连环画"故事《这只大白兔不一样》，该故事将《龟兔赛跑》《嫦娥奔月》《守株待兔》三个耳熟能详的故事全新演绎，期望用反转内容唤起消费者对过去美好记忆，赢得情感的共鸣。这也是美加净"时刻系列"所宣传的品牌理念，为消费者留住纯真美好的时光，满足消费者的心理，带给消费者愉悦的产品体验。

除了利用经典品牌满足消费者怀旧心理，许多品牌也跨界潮流文化，创新产品，符合消费者潮流生活方式。在包装也贴合潮流文化，对传统包装进行更新，并推出限量版包装设计，以此推动品牌的销量。

泡泡玛特作为中国潮玩文化领域的先行者，在推动潮玩盲盒消费走出小众圈层、带领潮玩行业走向规模化、标准化的同时，

图 1.12 美加净与大白兔奶糖联名

使它不仅变成了潮流生活方式的代名词，更是成为备受营销界追捧的跨界对象。例如，娃哈哈 pH9.0 苏打水携手泡泡玛特，带来全球限量的定制版"盲水"。"盲水"意味着，除常规的柠檬味和玫瑰味之外，娃哈哈 pH9.0 苏打水还特别推出了神秘新口味。契合泡泡玛特"盲盒"营销方式，每瓶"盲水"的味道和盲盒一样，直到拆开才能具体了解。苏打水的包装上也使用泡泡玛特 DIMOO 系列形象，进行一系列的瓶装水包装设计（图1.13、图1.14）。

另外，泡泡玛特也与彩妆品牌跨界合作。例如，潮流少女彩妆品牌橘朵与泡泡玛特联名合作，推出毕奇（PUCKY）精灵飞行系列的彩妆产品，成为彩妆界的国货之光（图1.15）。泡泡玛特的毕奇系列也与资生堂旗下彩妆品牌姬芮（Za）进行跨界营销，联合推出"美丽和有趣我都要"的系列包装，并针对不同系列的色彩设计不同的外包装，将美妆与潮流文化结合，吸引年轻消费者，拓展营销边界（图1.16、图1.17）。

图 1.13　娃哈哈与泡泡玛特联名包装（1）

图 1.14　娃哈哈与泡泡玛特联名包装（2）

图 1.15　橘朵与泡泡玛特联名包装

图 1.16　姬芮与泡泡玛特联名包装（1）

图 1.17　姬芮与泡泡玛特联名包装（2）

第2章

跨界联名包装设计的设计原则

传统与现代并存

适用性与人文性

本土化与现代化

2.1　传统与现代并存

跨界联名是现代经济发展、市场转变趋势下不同品牌合作共赢的新趋势。时代的不断进步、人类文明的不断成长和发展，代表着需要学习与传承的文化也愈来愈多。传统文化是有生命力的，它是民族力量凝聚的重要源泉，也是现在设计的灵感源泉。不管是包装形式上还是包装结构上，传统文化都给包装设计带来一定的启发和帮助。中国传统文化的多元性，也符合品牌联名跨界的选择和发展方向。帮助品牌文化的交流与融合，并且表达品牌的民族形象与民族意识，从而让商品与消费者之间产生难以割舍的情感，并加深了品牌文化深厚的文化底蕴，丰富消费者的视觉体验。

在市场经济全球化急速发展的时代，东西方文化交流越发密切。跨界联名包装不仅仅要融合传统文化的精华，借鉴民族文化的同时，也需要创新和挖掘现代化包装设计的发展规律，从而理解和掌握传统文化的精髓。这不仅仅是简单模仿和置换，也需要设计师学习和提取与品牌文化、现代审美价值观契合的新形象，在传播传统文化的同时，促进当代包装设计的发展。

例如，三只松鼠食品品牌与故宫跨界联名推出一系列联名礼盒包装，对传统文化进行了全新的诠释。礼盒的外观设计上借鉴了中国传统的中式"十"字格窗棂的设计元素，金色线条的印刻代表了故宫的宫廷元素在包装设计上的运用。磁吸搭扣与十字如意窗棂图案的结合，也进一步赋予礼盒古典气息。除此之外，礼盒封面的国潮插画还以年画为灵感，品牌形象化身为福禄寿喜四神的小松鼠，以对称的方式分布在礼盒四角处，并且在包装的设计上还融入了象征吉祥的瑞兽或宝物，以年画般的画风给消费者呈现出新年的喜庆、愉悦氛围（图2.1）。

　　值得注意的是，内层礼盒的侧面还将典藏的《韩熙载夜宴图》作为主视觉之一，以线描和单色着色的方式对原有画面场景加以重新创作（图2.2）。主视觉的设计上，融入了灯笼、松柏、孔明灯、醒狮、爆竹等与新年相关的元素，选用品牌的枇杷黄色调烘托节日氛围。除此之外，品牌的小松鼠形象融入了图形的设计中，更加深化联名主体，烘托节日氛围（图2.3、图2.4）。包装的礼盒的双开门的盒形结构，仿照了故宫大门的形象设计，并以两扇大门来象征着通往美好新年的入口，也代表了品牌对未来的美好寄托和向往。三只松鼠的故宫联名包装的设计中，还加入了与消费者的互动元素，在小盒的开启处融入了中国传统文化"摸福字"的习俗，以可按压的形式开启包装盒，寓意着消费者在开盒过程中便能"沾染"福气的美好愿景（图2.5）。在设计的细节上，产品与福禄寿喜四神间都有一定程度的关联和意义象征，将每款产品对应不同的四神，从而使得产品气质也得以体现。比如核桃酥，核字谐音为"合"或"和"象征着平安幸福、和睦康泰，包装将核桃与同样代表吉祥的福神相结合寓意着福神手持核桃降临人间，为人们带来好运和福气。禄神是民间信仰中主管功名利禄的星宫，而神似金元宝的蛋黄，也象征着金玉满堂、前途光明。将蛋黄与禄神的概念相结合，寓意着为人们带来功名和财富。花生又名长生果，素有长生长有、长命富贵的寄寓，与和蔼可亲的寿神所蕴含的概念相契合。凤梨在当代婚礼习俗中深受喜爱，与代表喜乐、吉祥的喜神形象相一致，从而与喜神结合设计。

图 2.1 三只松鼠与故宫联名包装设计（1）

图2.2　三只松鼠与故宫联名包装设计（2）

图2.3　三只松鼠与故宫联名包装设计（3）

图 2.4　三只松鼠与故宫联名包装设计（4）

图 2.5　三只松鼠与故宫联名包装设计（5）

与故宫联名合作的还有999皮炎平，推出故宫国潮口红系列包装。外盒包装的设计通过融合一系列故宫传统图形元素，例如太阳、灯笼、海浪、仙鹤等环绕画面主视觉，构成了经典的对称美（图2.6）。

图2.6 999皮炎平与故宫联名包装设计

瘦燕

廣寒玉兔

雛燕

玉兔搗藥

肥燕

猴子撈月

小燕

吳剛伐桂

半瘦燕

依鶴照月

图2.7　风筝图谱

2.2　适用性与人文性

跨界联名包装虽然是对新产品包装的升级和改造，但在设计上仍然需要考虑包装适用性的设计原则。在此基础上，为了使消费者能够真正与产品建立联系，跨界联名包装需要在考虑创新产品包装的基础上，研究消费者的消费心理和行为习惯，结合当代文化，以人为本，并考虑消费者在使用产品时可能产生的行为，考虑不同的区域文化因素，对品牌进行创新设计。不同地区，不同产品，都代表了不同的风土人情和人文内涵，设计师往往利用这一点，赋予了产品包装独特的精神内涵与艺术价值。跨界联名包装设计通过寻求适用性与人文内涵的契合点，来开发深层次的精神内容，从而打动目标客户，获得消费者的青睐。

例如，老字号知味观与自然造物联名推出中秋月饼礼盒，创作出中秋主题的纸鸢系列包装。自然造物历经2年走访全国各地的风筝手艺人，从曹雪芹风筝图谱入手（左），结合国画和木版水印，进行再次创作（右）（图2.7）。每一张成品，都经历了漫长时光。其中饱含了古人对月的遐想，也赋予了月圆之夜无尽的东方美学。

图 2.8　知味观与自然造物联名包装设计

自然造物以风筝为主题与知味观联合打造"清风放月"主题包装，外盒的金色浮雕，并且设计带有浮雕效果的装饰小风筝，每个内包装上以不同风筝为主题视觉设计（图 2.8）。更有趣的是，在包装盒内包含了风筝 DIY 材料包，让大人小孩在游戏中零距离感受文化传承，打造"中国玩具"系列（图 2.9）。

图 2.9　知味观与自然造物联名包装设计风筝材料包

自然造物与知味观携手打造"戏出东方之明月几时有"月饼礼盒。将皮影戏的文化元素融入包装设计中去，并尽可能地重现它，展示它的美好。在阖家团圆品尝糕点的同时，还能使消费者与之互动，重新感受和认识这门古老的艺术（图2.10、图2.11）。

在此礼盒的设计中，为了尽可能地把礼盒化繁为简，设计师将皮影戏的零件做到了透明的腰封上，需要消费者自己动手沿裁切线把它们从腰封上裁切下来，从而组配皮影戏内容。礼盒的设计巧妙之处在于，盒内有卡槽，用手打开手电筒功能放入竖起的幕布后，微微灯光，一个小型的皮影戏剧场从此开始，增加互动乐趣，延续传统文化（图2.12、图2.13）。

图 2.10　知味观与自然造物联名包装——戏出东方（1）

图 2.11　知味观与自然造物联名包装——戏出东方（2）

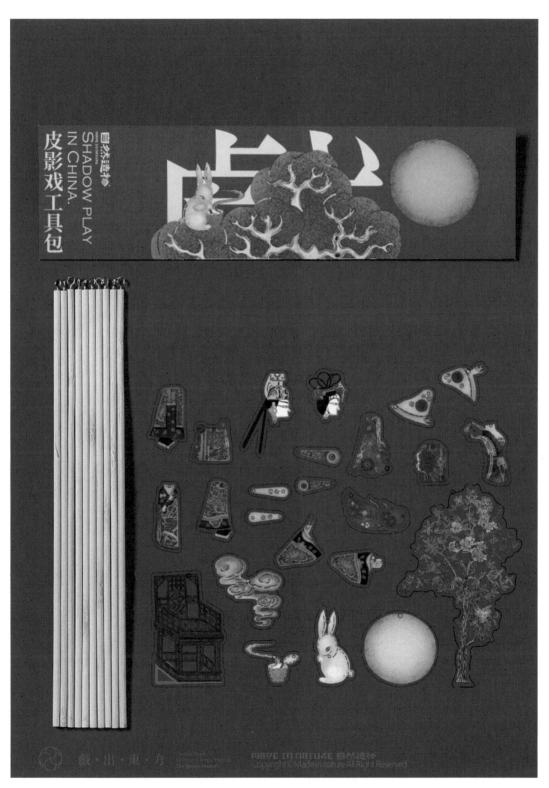

图 2.12　知味观与自然造物联名包装皮影戏工具包（1）

图 2.13　知味观与自然造物联名包装皮影戏工具包（2）

图 2.14　半仙豆夫非遗联名系列包装（1）

半仙豆夫联名非遗文化剪纸艺术家崔小清，将古老的手工艺术装裱在新年礼盒上，力求让传统文化与现代技艺完美融合，推出新年系列礼盒包装"妙手生花，薪火相传"联名礼盒，将浓浓的湖湘风情融入到设计中去。并将此系列包装的设计元素，融入到文创周边，礼盒使用后还可以进行改造，具有艺术收藏价值（图2.14、图2.15）。

图 2.15　半仙豆夫非遗联名系列包装（2）

　　人民日报新媒体联名百事可乐推出了热爱守护者主题的限量罐礼盒，打造一次人文关怀的特别"跨界联名"包装，向这些平凡英雄致以崇高敬意。这一次系列包装中，百事包装没有了经典的纯色背景，换成带人民日报经典的"报纸色"，也是参考报纸排版，红蓝插画与文字排版相得益彰，刻画看似平凡生活身边的不平凡的故事，视觉上既真实又冲击力十足。以独特的视角角度与话题，记录和宣传平凡英雄的故事，传递热爱精神，见证家国担当（图2.16）。

图 2.16　百事可乐与人民日报联名系列包装

2.3   本土化与现代化

跨界联名包装作为新时代的产物，是本土品牌的传承发展的营销战略，也是品牌面向国际现代主义发展的一种重要体现。在设计中往往体现将地域特色、人性化，以及现代化融合，作为新的设计方式和原则。

地域性往往是包装设计中，设计师最为突出、保持和展现一个民族文化设计个性的重要方面。设计师可以通过传统的符号、图形、色彩，以及文字书法等元素，有效地展现本国文化特色。例如，日本本土化妆品品牌 Clé de Peau Beauté，2019 年以日本的传统服饰"和服"为设计元素，推出一系列圣诞限量版彩妆包装设计，以此来反映相关地域的文化特征（图 2.17）。

跨界包装设计往往通过设计师的表现能力，将最初的传统艺术的意识和形态转变为现代包装形式，并在此基础上，加入人性化的设计方式。人性化是跨界包装设计师在对品牌包装设计进行升级时考虑的一种设计倾向。通常通过运用各种幽默、怀旧或者富有蕴意的视觉语言来表现；抑或通过手绘的方式，使视觉元素赋予丰厚的人文情愫，抑或采用本土化的具有地域特色的印刷图形，与新的品牌形象进行结合，来展现新的产品特质，打造有感觉、有回忆、有现代感的包装设计，从而提升包装设计的感染力。

图 2.17　Clé de Peau Beauté 化妆品包装

恰恰坚果品牌作为大众熟悉的传统国民品牌，与欢乐斗地主联名推出"王炸口味，欢乐加倍"联名礼盒。包装以复古收音机为设计元素，用低饱和度的草绿色为基本基调，使视觉上更富有年代感的国潮设计风味。在盒形开口处设计了转盘结构用来切换口味，并且在包装的设计以及推广中，以"一味一座城"的主题，使用复古报纸的形式，延伸设计出一系列的周边，增加与消费者的互动乐趣，引起与消费者之间的情感共鸣（图2.18、图2.19）。

图2.18　欢乐斗地主联名洽洽瓜子包装

图 2.19　欢乐斗地主联名洽洽瓜子包装周边

　　除此之外，欢乐斗地主还与名创优品进行跨界合作。同样围绕"复古国潮风"，结合平民生活文化创意，推出不同口味的系列主题。在系列包装的视觉内容上将故事性与视觉元素进行统一，推出不同的包装场景主题。

　　例如，以地主"开仓放粮"为包装设计故事主题，使用概念化视觉手法，以不同的故事插画，结合品牌形象，将每个系列包装视觉创意表现为具有日常烟火人家生活的不同画面（图2.20～图2.22）。

图 2.20   欢乐斗地主联名名创优品系列包装

图 2.21　欢乐斗地主联名名创优品包装视觉宣传（1）

图 2.22　欢乐斗地主联名名创优品包装视觉宣传（2）

第**3**章

跨界联名包装设计的创意表现

设计重心

设计形式

跨界联名包装往往需要融合和突出两个不同品牌的视觉形象，并围绕设计的主题，推出新的设计方案。表现形式往往可以从材料、结构、工艺、装饰进行新元素的综合提炼，具有较强的时代性，体现社会意识的发展形态，也可以体现一定的人文关怀，表现社会生活水平，对传统思想的反思和新的认识。但跨界联名包装需要考虑设计的原创性和科学性，并且考虑不同品牌的定位和需求，这就要求设计师在考虑创意与表现思维方式时去研究如何表现以及表现什么的问题，从而有利于

设计师秉承设计独特的见解与风格，而不是盲目跟随社会流行趋势，所做出的设计才能够具有活力和社会竞争力，显示出设计创造的进步性，以及社会和时代的精神意义。

要解决如何表现和表现什么的问题，需要设计师从设计的设计重心、设计形式，以及表现手法上进行创意思维的拓展。设计重心是产品利用包装设计进入消费市场的突破口，并且通过表现形式和不同的表现手法对新的产品进行宣传和推广，从而体现视觉、美学、时代感的统一性。

3.1　设计重心

跨界联名包装设计的表现重心是指设计内容的视觉设计重点。通常包装设计在有限的视觉区域内，需要在短时间内使包装设计得到消费者的认可，因此视觉设计上既有时间上的局限性，也有空间上的局限性。因此对于跨界联名品牌，需要抓住品牌设计的重心，继而在有限的时间和空间内去突出品牌的重点表现对象。

突出品牌往往需要了解品牌的创意理

念和品牌文化，在进行包装创意设计时，有效地思考如何将两种不同文化、背景，甚至不同定位和产品的两种不同品牌相结合，为新产品进行包装的设计和构思，以此作为包装设计创意的重点表现形式。在此过程中，设计师往往抓住企业的商标或者企业的品牌形象作为包装的切入点。另外，设计师也可以将产品作为突出表现的方式，展现新产品的形象特质，新的功能和

形式，并以突出新产品的材料材质、形式外观为包装设计的表现元素，从而与其他产品进行区别，从而吸引消费者的注意力，刺激消费者的购买欲。

除此之外，设计重心还可以以消费者为表现重点。跨界联名包装往往利用消费者某一品牌的特殊情感，崇拜抑或怀念，以及猎奇的心理，从而将新的产品以各种不同的方式推广给消费者。产品的最终目的还是给消费者提供使用的，因此将消费者作为设计重心，也是跨界包装设计的一种表现方式。突出表现消费者，需要设计师深入了解用户群体，抓住消费者思想和心理，明确表达产品内容和特性。跨界联名包装虽然是两种不同品牌形式的结合，但是设计上不能喧宾夺主，在创意和表现形式上需要抓住视觉设计上的重点，明确信息和表现内容的重点，提升品牌效应。继而设计出具有美学理念的包装设计，使设计目标具有一定的广度和深度，符合品牌文化内涵，以及艺术手法和形式的需要。

3.2 设计形式

当包装设计的创意重点抓住以后，设计师需要考虑以什么样的设计方式来表现设计重点。虽然跨界联名品牌在产品甚至理念上可能截然不同，但是任何事物都可以发展一定的联系性和相关性，从而在不同的事物之间建立一定的关系。建立相关关系可以使用两种基本方式：直接表现方式和间接表现方式。

(1) 直接表现方式

直接表现方式通常将两种品牌的logo、图形、人物形象进行直接的结合，重点表现产品本身的形式外观和用途方法。

例如，Rio联名六神花露水推出花露水味鸡尾酒，瓶型的设计以及颜色完全按照传统品牌六神花露水的设计，复制和重现，直接表现两种品牌的结合和运用，以此来彰显中华传承的复古质感（图3.1）。用同样

图 3.1 Rio 与六神花露水联名鸡尾酒包装

的手法，Rio 也与英雄蓝墨水进行联名合作，推出蓝墨水味鸡尾酒，增添趣味性，吸引消费者（图3.2）。

泸州老窖作为中国传统白酒品牌，联名气味图书馆香水品牌推出"顽味"香水，瓶身设计传承延续了泸州老窖的经典瓶型，气味为花香型淡香水。购买方式可以通过购买"桃花醉"酒而获得。跨界香水作为泸州老窖营销方式的一种崭新的尝试，推出"喝桃花醉的酒，喷桃花味的香水"营造自身酒文化品牌的转型和全新发展（图3.3）。

图 3.2 Rio 与英雄牌墨水联名鸡尾酒包装

法国百年气泡水品牌Perrier巴黎水，与日本后现代艺术家村上隆联名，将perrier 标志性的绿色瓶身与村上隆kaikai & kiki 两个角色结合，设计了满满的七彩太阳花。此款包装不仅对村上隆的粉丝来说有着特殊的情结，也拉近了大众与现代艺术的距离（图3.4）。

图 3.3　泸州老窖联名气味图书馆香水包装

图 3.4　巴黎水联名村上隆推出的包装设计

川久保玲（Comme des Garcons PLAY）作为日本经典的服饰品牌也参与到跨界包装的设计中。在与可口可乐跨界联名合作中推出限量版包装设计。这一系列包含了三个设计，将经典的可乐罐包装在PLAY的设计中。此款联名包装中突出了两个品牌的标志性元素，将两者的logo进行直接的表现和结合，带来较强的视觉冲击力（图3.5、图3.6）。

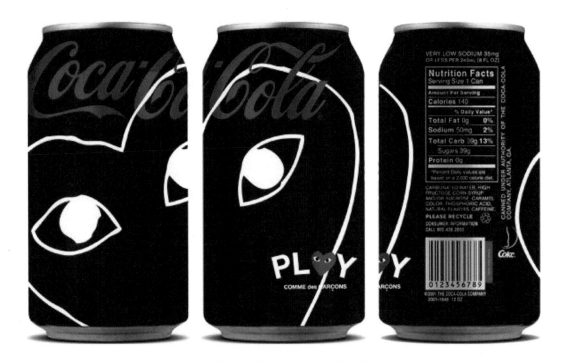

图3.5　川久保玲联名可口可乐包装设计（1）

图3.6　川久保玲联名可口可乐包装设计（2）

Lemon Box与不二兔联名推出了私人订制维生素包装设计。包装上使用了不二兔的经典形象与Lemon Box的logo结合作为视觉的主要元素。并且在包装设计中设计了联名的周边作为礼品,包括贴纸、明信片,以及帆布包等(图3.7、图3.8)。

图3.7　不二兔安东尼与Lemon Box定制维生素联名包装设计(1)

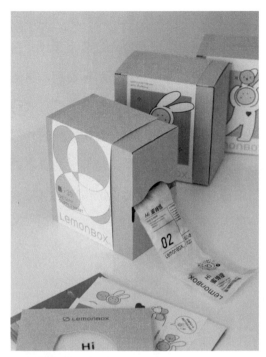
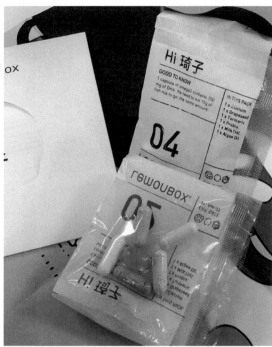

图 3.8　不二兔安东尼与 Lemon Box 定制维生素联名包装设计（2）

图 3.9   酷氏汽泡水与白猫洗洁精联名包装设计

白猫洗洁精和酷氏汽泡水联名推出柠檬味汽水。此款联名包装上延续了白猫洗洁精的标志性logo和标准色，将酷氏的品牌logo与白猫的品牌直接有效结合，使汽水的外形与白猫洗洁精的外形设计得非常相似，从而激起了消费者的猎奇心理，使这瓶酷似洗洁精的气泡水成为酷氏作为对老字号"白猫洗洁精"的一次致敬（图3.9、图3.10）。

图 3.10   酷氏汽泡水与白猫洗洁精联名包装礼盒设计

上海品牌小杨生煎和新锐护肤品牌稚优泉联名推出了生煎包面膜和小龙虾唇釉。将美食与美妆联合起来。从而扩大消费群体，推出国潮系列产品，更多地契合年轻人的喜好。

在新产品的包装上，直接将生煎包的形象作为面膜外包装的设计元素，并将小杨生煎与稚优泉的logo加以结合，使产品既增加了关注度又增加了销量（图3.11、图3.12）。

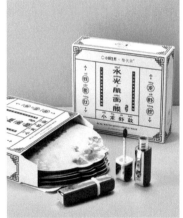

图 3.11　小杨生煎与稚优泉联名包装设计（1）

图 3.12　小杨生煎与稚优泉联名包装设计（2）

（2）间接表达

　　除了直接通过产品的形象、logo、字体颜色等与品牌直接相关的元素来作为设计手法以外，设计师还可以通过较为含蓄的手法来表达不同品牌的联合。这样的方式在包装设计的元素上可以不直接表现产品本身，而是借用与其相关的事物来建立联系，用通过联想或象征来传达产品的功能和性质，从而求得独特新颖的表现结果。

　　联想法在跨界联名设计中是较为常见的一种手法，该方法通过借助某种符号引导消费者的认识，并通过消费者对固有事物的认识而形成一定的画面，从而代表了包装中没有呈现的元素。因此运用这样的手法，当消费者面对品牌包装时，并不只是简单地接受包装上的视觉元素，与此同时，还可以产生一定的心理活动，从而使消费者与产品包装设计产生了一定的互动。

　　除了运用联想的方式，象征性手法也是作为品牌跨界包装中的一个常用方式。设计师运用相关含义的视觉元素来代表具体形象和事物，例如通过传统艺术中的故事情节，结合品牌元素来构造包装上的品牌视觉形象，来表达跨界产品的功能和效果。此方式要求设计师具有较为丰富的文化底蕴和艺术修养，通过表现品牌的内在形象，结合联想法，使产品包装的视觉表现上更为抽象和婉转。设计师也可以使用具有象征内涵的颜色和图形，来表达消费者对品牌含义的认同，从而使产品的包装设计上通过视觉元素来传达产品的精神内涵。

　　在间接表现的设计方式上，不少跨界品牌的包装设计手法通过使用纯粹的装饰图形来进行表现，但即使是纯粹的装饰图形，该图形也代表着某一事物特征和寓意，从而借用了该事物的影响力，来带动其他品牌的发展，赋予跨界品牌产品一定的文化寓意和精神内涵。

　　例如冰希黎联名大英博物馆推出"一日情人"金字塔限量香水礼盒包装。包装的设计灵感来源于大英博物馆的馆藏品《安东尼与克里奥佩特拉》陶砖，包装设计将画作场景复刻在金字塔外盒，展现唯美的传世爱恋，包装采用统一的绿色基调，透明的香水外观加以镂空设计，使该包装设计在视觉上将香水的优雅流动表现得淋漓尽致。虽然该包装并没有放大品牌联名事物的品牌logo，但通过相关的图形和色彩将两者完美地结合，赋予产品更深的寓意和情怀（图3.13）。

图 3.13　冰希黎与大英博物馆联名礼盒包装设计

另外，冰希黎还联名年轻新锐艺术家雷娜·弗拉迪尔，推出系列香水包装，使用了弗拉迪尔的系列插画作为视觉元素，作为香水包装的图形设计。弗拉迪尔的作品，通过简洁的转化和抽离，表现出来的缠绕、交织、纠缠联系在一起的人性关系，描绘生命、情绪脉动的规则，从而找到完整的自我。冰希黎此次联名，将对生活的感悟融入到艺术中去，把充满艺术感的包装与香水调香进行灵感的碰撞，打破传统香水透明瓶身的固有设计理念，大胆尝试富有活力情感的流行色彩，更符合年轻群体的审美喜好。整个系列将艺术与调香完美融合，使每一个味道都代表了对人生的不同态度（图3.14）。

在跨界联名包装设计中，设计师运用多种间接性手法，通过光影、装置、玻璃、雕塑、数字媒体等各种形式来表现品牌的联合，推广新的产品。例如2020年，奈雪的茶，年轻化茶饮品牌携手美国艺术家Christopher David Ryan共同设计了六个关于"拥抱"命题的艺术创作。六幅作品都以茶饮杯作为展示载体。契合Ryan发起的"BIG HUGS"创作寓意以及其温暖治

图 3.14　冰希黎的香水跨界联名包装

愈系插画风格（图3.15），给奈雪的茶新的系列产品起了一个爱意满满的名称——抱抱杯，品牌以"希望用一杯子的拥抱来治愈你"（图3.16）。同时，奈雪的茶还以此打造设计了限定周边，将艺术插画作为新品包装的主要视觉形象。

早在2019年，奈雪的茶以"Being a Cat"为主题，联合日本艺术家Pepe

图 3.15 Christopher David Ryan 艺术插画

图 3.16　奈雪的茶之抱抱杯

图 3.17　Pepe Shimada 作品

Shimada（图 3.17），选择了六幅以猫咪为主角的作品，呈现在奈雪的饮品杯的包装设计上，旨在呼吁都市年轻人体悟"像猫一样的生活"，在快节奏的日常中放慢步伐享受美好（图 3.18）。除此之外，在春节期间，奈雪的茶也联名人气插画家 Cinyee Chiu 创作了六只开运瑞兽，希望每一位奈雪的消费者，都可以拥有来自瑞兽的庇佑（图 3.19）。

这样的跨界联名包装，在使用结束后能被消费者进行二次使用，将杯子变成笔筒、花瓶、台灯，使创作继续被延续，并且使包装在消费者的参与式的互动中，让设计具备了更强的生命力。

图 3.18　奈雪的茶联名 Pepe Shimada 包装设计

图 3.19　奈雪的茶联名 Cinyee Chiu 新春系列包装

　　奈雪的茶还与TOMIE联名推出系列包装设计，打造系列包装"奈雪在手，名画我有"的移动美术馆。结合世界名画以及艺术家和艺术家作品，以具有代表性的艺术作品为设计重点，吸引消费者（图3.20）。

图3.20

＜呐喊＞

假如爱德华·蒙克给我上一节美术课，我会知道最能打动人心的，通常也源自最真诚的内心。

致敬
《呐喊》
蒙克

假如毕加索给我上一节美术课，我会知道看似复杂的东西也可以很简单，别让条框束缚了你。

图 3.20 奈雪的茶联名 TOMIE 系列包装

另一大茶饮品牌——喜茶，联名荣宝斋与艺术家Digiway，将潮流文化与中国传统文化跨界联名推出一系列茶饮包装设计。将东西文化巧妙结合，给消费者创造一个全新的视觉效果。

Digiway作为国际潮流艺术，于2019年将中国的传世名作《清明上河图》进行再创造，截取著名的虹桥市井片段，将影响全球潮流文化的340位人物以及鞋履服饰等潮流元素们融入北宋热闹繁华的时代，造就了新"潮代"画卷，创造一幅名为《潮代 The Cháo Dynasty》的作品，风靡全球（图3.21）。

除了《清明上河图》，我国另一幅历史巨作《韩熙载夜宴图》，作为中国十大传世名画之一，以听乐、观舞、休息、轻吹、送客五个场景，生动地再现了五代南唐大臣韩熙载家设夜宴载歌行乐的热闹场面。该画作绢本设色，由南唐人物画师顾闳中所绘，现存宋摹本藏于北京故宫博物院。画作以构图精妙、造型准确、线条流畅和色彩清雅闻名于世，是我国古代工笔重彩人物画中的经典之作。

如果说《清明上河图》是史上最早的"小说"，那《韩熙载夜宴图》就是史上最早的"剧本"。荣宝斋跨界联名喜茶，历经半年的筹备时间，由艺术家Digiway以荣宝斋木版水印《韩熙载夜宴图》为创作灵感、融合中西方文化及年轻时尚元素创作喜茶版《灵感饮茶派对》，该画以《韩熙载夜宴图》的第一部分"听乐"为场景原型，描绘

图 3.21　《清明上河图》和《潮代 The Cháo Dynasty》

了派对主人韩熙载邀请李小龙、梵高、爱因斯坦、贝多芬、卓别林、梦露等古今中外名人相聚于家中，畅饮喜茶、共赏潮流音乐的景象。

画作中融入了诸多喜茶身影，从原作中隐喻心境的屏风到桌面和床榻的陈列，喜茶经典饮品、喜茶礼盒和喜茶周边产品都置身其中。同时，画中加入潮鞋、电音吉他等当下潮流单品，促进融合传统艺术和潮流文化，让传统艺术文化走进日常生活，与时俱进地将让古典与潮流跨越时空对话。不仅让木版水印《韩熙载夜宴图》以年轻态的方式联结年轻潮流群体，更是以喜闻乐见的方式展现了中国传统书画艺术的东方韵味，也是更深层面文化魅力的全新表达（图3.22）。

图 3.22 喜茶"灵感饮茶派对"艺术家限定茶礼盒装

喜茶这一波联名设计发起"灵感之茶中国制造Inspiration of Digiway"品牌效应,并在此基础上延展、创造出诸多精美限定周边礼品。并参加了2020年于12月4日国际潮流展INNERSECT,为潮流与艺术爱好者带来现场非遗文化体验和新式艺术灵感集合的饮茶场景而广受关注(图3.23)。

总而言之,在表现方式和表现手法上,跨界联名包装设计要抓住不同品牌的核心内容集中表达,增加信息传达力和视觉形象感染力。并且将消费者、产品和营销等方面加以全面地考虑,增加识别性和吸引力,不管使用间接表现方式还是直接表现方式,包装设计要达到较好的识别性和拥有强大的说服力,准确地表达产品内容,并展现产品质量,从而达到包装设计的目的。

图3.23　喜茶参加INNERSECT潮流展

第**4**章

跨界联名包装
设计案例

Maison Castelbajac Paris时尚艺术设计大师和Le Chocolat des Français 联名，在母亲节之际，联手庆祝并致敬女性。设计了一个带有梦幻般多彩插图的外包装，并在设计中加入了拼字游戏，将美食与时尚结合（图4.1）。

图 4.1　Maison Castelbajac Paris 联名 Le Chocolat des Français

喜茶联合精品咖啡品牌Seesaw，推出了"偷颗月亮送给你"中秋主题联名礼盒。作为与Seesaw联名的礼盒，在外包装的设计上，运用简单的线条与图形，方圆不同的形状，结合马克笔笔迹式的设计元素，以简约醒目的颜色，将喜茶与Seesaw的品牌元素表现出来，给人以想象空间（图4.2）。此外，此包装充分考虑到了包装盒的二次利用。以坚固、高透明度的亚克力盒作为内包装传递现代感的同时，也可以作为收纳盒，减少因包装丢弃带来的浪费，用现代方式传递着新的绿色生活态度，努力在消费者与中秋节日之间建立更加真切、有趣的联结。

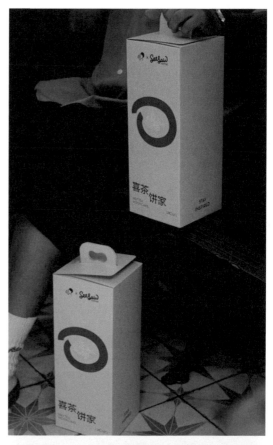

图4.2

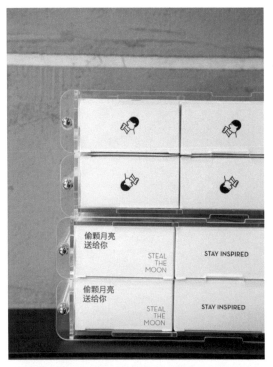

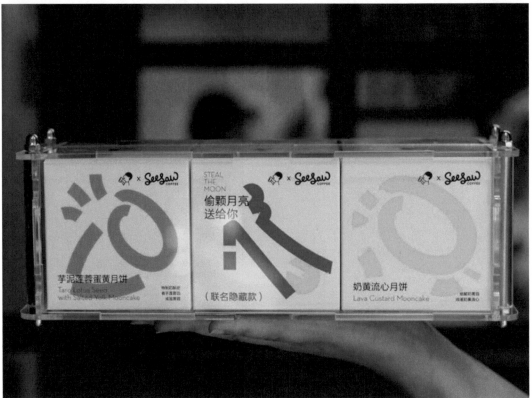

图 4.2　喜茶联名 Seesaw 系列包装

麦当劳联名多芬沐浴露推出全新泡泡拿铁饮品，虽然在沐浴液产品的外包装上并没有太多外形以及图形的改变，只是将两者的logo进行结合。但两者的联名引起消费者的联想和想象。将咖啡丝滑的奶泡与泡沫沐浴露相结合，形象地代表了产品的性质，并且在新饮品的包装中加入了泡泡浴图形的设计，从而将两者产品很好地结合起来，有利于产品的推广和品牌的发展（图4.3）。

图4.3 麦当劳与多芬沐浴露跨界联名包装

好利来联名NASA推出中秋礼盒"登月计划"。在产品的包装设计上运用太空元素，增加科技质感。在礼盒的包装上，考虑到了二次利用，根据太空船舱的外形特点，舱体可以作为扩香器装饰使用。包装礼盒中配置了香薰精油和扩香石，增加了绿色环保包装创意，增添了与消费者的互动（图4.4）。

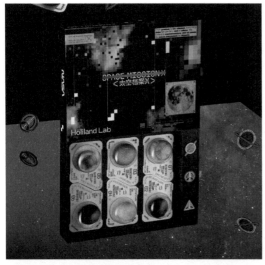

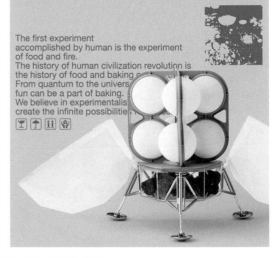

图 4.4   好利来与 NASA 跨界联名包装

川宁红茶与大都会博物馆联名推出"时间印记"联名礼盒。以风景和人物画作为礼盒的包装设计，每个里面有四款不同的茶，每种茶用不同的名画作为视觉主要图形，将艺术融入礼盒。油画的静谧和茶香的深厚通过设计紧紧联系起来，使消费者不仅有味觉的体验还有视觉的享受（图4.5）。

图4.5

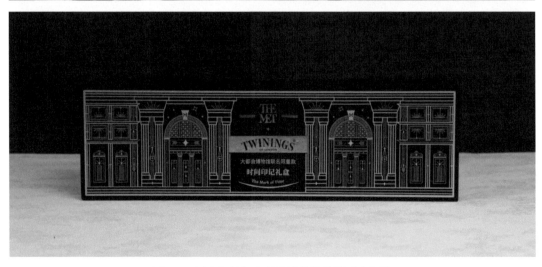

图4.5　川宁红茶与大都会博物馆跨界联名包装

日本艺术家草间弥生（Yayoi Kusama），联名 Veuve Clicquot，把经典的 La Grande Dame 2012 香槟换上极具代表性的波点及花朵设计，把艺术和香槟完美结合，打造了一款独特、充满愉悦色彩和气息的外形包装，使用绚丽的花朵代表了生命、爱及和平，代表对大自然的致敬，而圆点就像香槟的气泡，从而使艺术与香槟结合起来，成为极具艺术收藏价值的香槟系列包装（图4.6）。

图 4.6 草间弥生联名 Veuve Clicquot

Funny Drink Store 联名艺术家Mee Wong（黄薇），设计了"五行瑞兽"系列限量威士忌，沿用了她的绘画作品《山海经》系列及传统"五行"理念为创作灵感，表达大自然强大的力量，表达万物皆有灵(图4.7)。

图 4.7　Funny Drink Store 联名 Mee Wong

Harry's 联名马德里艺术家Jose Antonio Roda 艺术插画，推出系列剃须刀和护肤品套盒，采用生动活泼的线条描绘人物形象，以明快的色彩以及诙谐幽默的插画形象，描绘产品的功能和性质（图4.8）。将艺术与平民生活联系起来，给消费者带来更多的艺术体验。

图4.8

图 4.8　Harry's 联名 Jose Antonio Roda 包装设计

百事可乐与凡士林联名薄荷味唇膏包装设计，在设计上延续了百事可乐的经典蓝色易拉罐，在盒盖上做了巧妙的仿真易拉环设计，高度还原了百事可乐的视觉外观形象。设计轻巧便捷，给消费者带来新鲜感和乐趣（图4.9）。

图4.9 百事可乐联名凡士林包装设计

马利作为著名绘画颜料品牌，联名美妆品牌Into you，设计颜料罐子唇泥，将颜料的质地与唇泥的使用效果结合起来，给消费者不一样的体验（图4.10）。

图4.10 马利联名 Into you 包装设计

西班牙奢侈品品牌Loewe联名英国陶瓷雕塑艺术家William de Morgan，推出自然元素系列香水包装设计。英国艺术家William de Morgan创作的陶瓷和玻璃器皿曾对19世纪60年代的英国装饰艺术产生了重大影响。作为美术工艺运动的重要合作者，他曾发明出一套给瓷砖施釉、烧制和着色的创新方法，这位艺术家还以奇幻生灵和蔓藤纹花饰而广为人知。

此次联名，以森林、植物、花卉、动物作为创作元素，致敬自然，象征艺术与手工艺的发展，代表了品牌的特色与内涵（图4.11）。

图 4.11　Loewe 联名 William de Morgan

2019年彩妆品牌NARS联名艺术家Connor Tingley，推出系列彩妆，运用黑色幽默的插画图形，诠释这一品牌的内涵特征，就像Connor Tingley所说，每一个人看到它都会有不同的感受。包装上用工业材料恣意地涂鸦可以理解为一种情感的宣泄。简单的线条勾勒出当代新思想文化影响下的年轻女性，时尚奔放的生活态度（图4.12）。

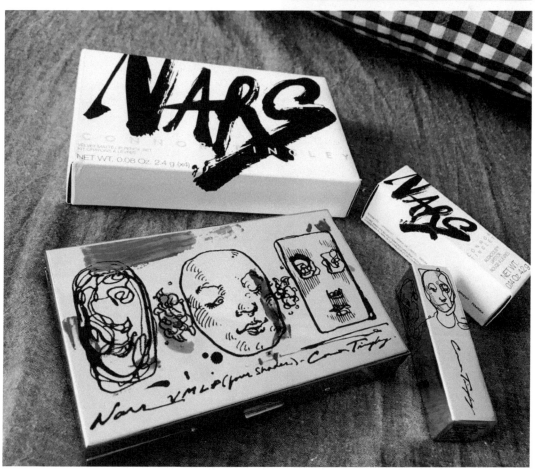

图4.12 NARS 联名 Connor Tingley 包装设计

化妆品品牌SK-II与日本潮流艺术家Fansists Utamaro联名合作，推出三款漫画风格为主题的神仙水限量版（图4.13）。三种瓶身的图案既时尚又充满想象力，设计师巧妙地把SK-II的logo融入到漫画设计中去，使过去普通透明版的化妆水瓶变得生动活泼，极具视觉冲击力，吸引消费者，将艺术带入到普通人的生活中去。

图 4.13　SK-II 与艺术家 Fansists Utamaro 联名包装设计

后 记

跨界联名包装设计作为新时代品牌合作的一种战略营销方式，将设计的价值提升到影响品牌生存的关键地位。本书综合了不同种类的品牌产品联名设计案例，从理念、方式、创意策略综合分析跨界联名包装设计的价值和意义。但无论是与艺术家合作，还是与不同品牌跨界联名，设计方式还是要从设计创意的根本出发，在图形颜色以及盒形造型上，要始终契合产品的品牌文化和市场定位，以及以人为本的理念，坚持从消费者的角度出发，思考什么样的跨界商品真正可以打动消费者，如何更好地服务消费者，使产品与消费者的互动更具真实性及可参考性。并根据时代特征，对品牌包装进行升级和发展。

虽然"万物皆可联名"的理念已经成为个大品牌合作营销的重要方式，但这并不等同于不同品牌可以盲目的进行合作生产，而应该是从自身品牌的文化内涵及企业价值观出发，寻找与之相匹配的合适的品牌基础上进行深度融合，来实现"1+1>2"的品牌联名。跨界联名包装可以通过品牌的跨界合作衍生出的新的系列产品、新的包装方式、新互动手法，打破品牌传统的单一形象，与受众进行良好的互动，为消费者提供新鲜感和趣味性。

尽管跨界联名包装设计是新时代潮流文化发展的产物，但作为设计师需要不断学习和研究传统艺术，纵观目前成功的跨界联名包装，除了借用设计师知名的艺术作品和社会影响力作为宣传品牌的方式，传统文化的升级和更新是使包装设计更上一层楼的设计方式。中国文化博大精深，值得每一位包装设计去思考和研究，不断地探索和发展。

张颖慧

2021 年 12 月

参考文献

[1] 王安霞. 包装形象的视觉设计 [M]. 南京：东南大学出版社，2006.

[2] 闫艳. 基于符号学的品牌联名设计解读 [J]. 包装工程. 2020，41（2）：80-83，103.

[3] 周雅琴，穆政臣. 基于互动型设计的食品包装创新研究 [J]. 包装工程，2017，38（6）：66-69.

[4] 杨雪，黄守政. 互动性在食品包装设计中的体现 [J]. 艺术科技，2014，27（10）：119.

[5] 夏俐. 食品包装设计中色彩联想性的表达、强化与发展趋势 [J]. 食品与机械，2020，36（10）：106-109.

[6] 张玉山，裴金秀. 基于"绿色设计"理念下的陶瓷食品包装容器设计要素探究 [J]. 湖南包装，2018，33（1）：86-89.

[7] 黎英，苏雅. 基于AR技术的食品包装互动性设计 [J]. 包装工程，2019，40（2）：60-64.

[8] 玫杰，张大鲁. 包装设计中的IP形象设计方法思考 [J]. 湖南包装，2021，36（1）：52-54.

[9] 杨希楠. 后疫情时代下的包装设计美学本质 [J]. 湖南包装，2021，36（1）：33-36.

[10] 徐皎，孙湘明. 现代食品包装设计异化问题反思 [J]. 食品与机械，2018，34（12）：91-94.

[11] 刘峰. "新东方主义"设计美学思维对现代食品包装设计的启示 [J]. 湖南包装，2019，34（6）：18-19，23.

Co-branded Packaging Design

跨界
联名
包装设计

销售分类建议：艺术设计

ISBN 978-7-122-41053-5

9 787122 410535 >

定价：49.80元